Juliette Patissier

PLANTS FOR FREE

WIE DU KOSTENLOS AN VIELE PFLANZEN KOMMST

Übersetzt von Sabine Hesemann

Bildnachweise: Alle Zeichnungen stammen von der Autorin.
Das Foto von Seite 77 stammt von TANTO YENSEN/ALAMY

Die französische Originalausgabe erschien unter dem Titel
Juliette Patissier, Comment avoir des plantes gratuites chez soi?

DIESES BUCH WURDE VON HAND GESCHRIEBEN UND GEZEICHNET UND URSPRÜNGLICH ALS FANZINE-SERIE ZU JE ACHT SEITEN VERÖFFENTLICHT.

DANKE AN ALLE, DIE EINANDER PFLANZEN GESCHENKT UND UM SICH HERUM GEPFLANZT HABEN.

Von derselben Autorin:
« Fermentieren, Magie im Glas »

Mehr auf Instagram:
Juliette Patissier @Plantplantzineplant

INHALT

free plants
Manifest für
KOSTENLOSE
PFLANZEN

WARUM

SOLLTE MAN KOSTENLOSE PFLANZEN ZU HAUSE HABEN?

Ein kleiner Strauß
GUTER GRÜNDE!

ES IST GRATIS!

Das allein ist schon ein gutes Argument, aber zusätzlich nimmt es uns die Angst + den finanziellen Druc wenn wir scheitern. Wenn es der Pflanze schlecht geht oder sie stirbt, dann kannst du es ... nochmal versuchen

REDUCE REUSE REMAKE

Zu viele Dinge auf dieser Welt werden bereits hergestellt. Das Sammeln von Blumentöpfen oder anderen Materialien ist ein Weg, um weniger NEUES zu verbrauchen.

Und man vermeidet, dass SO VIELES weggeworfen wird!

ES IST ÖKO!

Die meisten Pflanzen im Handel werden außerhalb der Saison in den Niederlanden als tropische Exoten im Massenanbau kultiviert, oftmals in beheizten Gewächshäusern (mit zusätzlichen Pestiziden). Stecklinge bieten die Möglichkeit, diesen Kreislauf zu durchbrechen. Aber es gibt auch Gärtnereien und Baumschulen, die das Lokale und Saisonale wertschätzen. Die solltest du unterstützen.

4 Apropos Saatgut...
ES IST WIDERSTAND!

Der Austausch (oder Kauf) von BÄUERLICHEM SAATGUT bedeutet:

- Alte Sorten für die Zukunft bewahren.
- Keine Unterstützung für die Saatgutkonzerne, die das Lebende monopolisieren und (oftmals) ihre Zulieferer am anderen Ende der Welt ausbeuten.

5 ES IST LIEBE und eine Art, FÜRSORGE zu zeigen!

Eine Pflanze zu ziehen, ihr zuzuhören, sie zu umsorgen … das ist eine absolut lohnende Art und Weise, das LEBENDIGE zu lieben, zu verstehen und zu teilen!

Baby-Pflanzen sind wie LEBENDE Tamagotchis!

ES WÄCHST DIE WAHRNEHMUNG!

Wer in der Stadt lebt, schenkt den in der Umgebung vorhandenen Pflanzen mehr Beachtung!
Auf diese Weise macht man sich seinen Lebensraum zu eigen, ohne ihn zu unterjochen.

Es gilt SCHÄTZE zu entdecken und WERTZUSCHÄTZEN.

ES SCHAFFT SOZIALE BINDUNGEN mit vielen neuen Menschen.

Austausch, Verkauf …

persönlich, per Post …

Weitergabe an seine Lieben, an die Nachbarn …

Ratschläge geben, lernen …

Gemeinsam Kräutertee oder Bier trinken …

Wasser
WIE KOMMT MAN KOSTENLOS AN PFLANZEN?
WERKZEUGKASTEN FÜR GÄRTNER*INNEN
Kapuziner-kresse

UM ZUHAUSE ZU GÄRTNERN ...

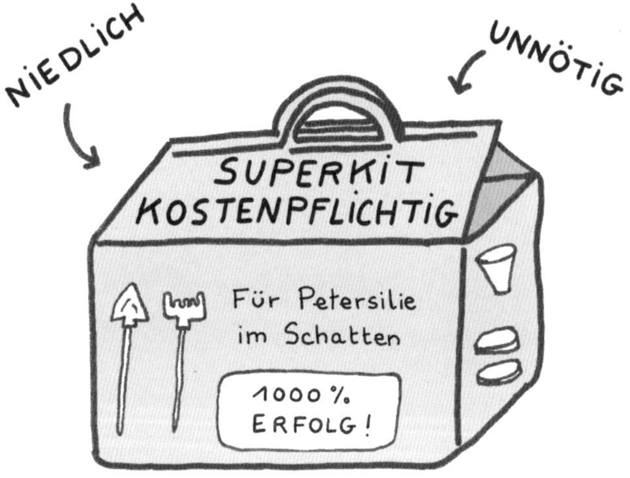

... MUSST DU KEIN MATERIAL KAUFEN! WAHRSCHEINLICH IST SCHON ALLES VORHANDEN, WAS DU BRAUCHST.

WERKZEUG NR. 1

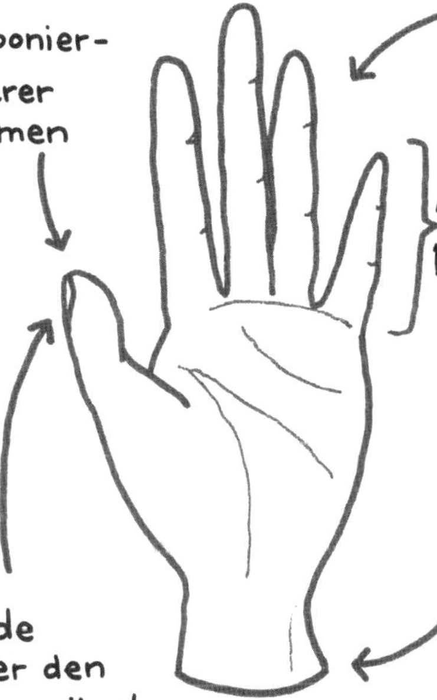

DEINE HAND

SCHAUFEL

RECHEN

Um STECKLINGE zu schneiden, ohne sie abzureißen.

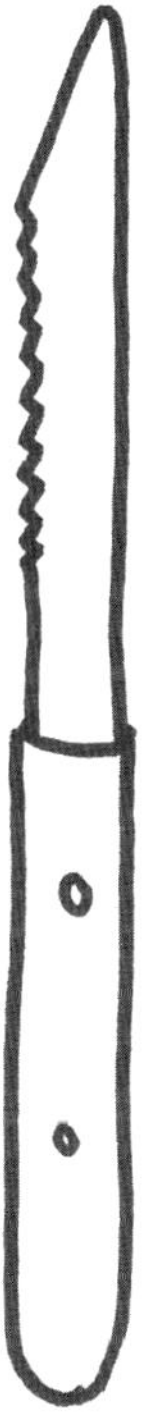

Ein SAUBERER Schnitt des Triebs (mit dem Messer) sorgt für gutes Anwurzeln!

GARTENSCHERE

GEWÄCHSHAUS

Der Boden einer Plastikflasche eignet sich wunderbar als Pflanzenglocke oder Gewächshaus.

Die Flasche macht sich auch gut als Mini-Gewächshaus zur Aussaat!

ETIKETTEN

Schneide die Flasche spitz zu, um die Pflanzen-Babys zu kennzeichnen.

BEWÄSSERUNG

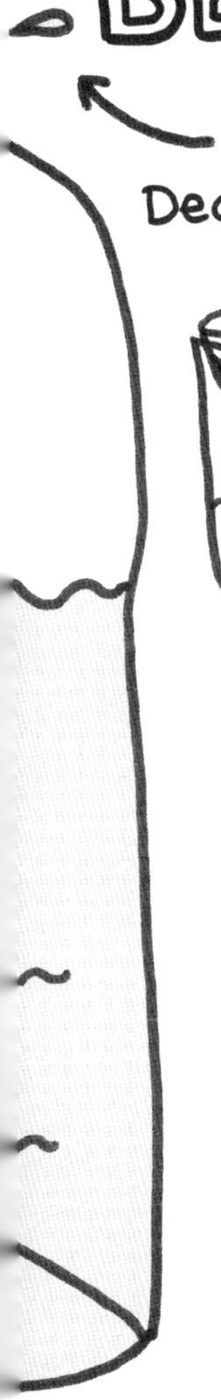

MANUELL: Löcher in den Deckel bohren → fertig ist die Gießkanne!

HALBAUTOMATISCH: Baumwollfaden durch den Deckel führen, um Wasser aus dem Vorratsbehälter zu saugen!

LANGE LEBENSDAUER

Schatten und Fensterläden oder Vorhänge sind die beste Lösung, zusammen mit verlässlichen oder einfach sympathischen Nachbarn

Eier, auf die Katze aufpassen oder Stecklinge = 2 Wochen Blumen gießen

PFLANZHOLZ

Um ein Loch in die Erde zu bohren, bevor man sät oder Stecklinge setzt.

Ein Marker zum Etikettieren der Baby-Sämlinge.

Bindfaden

Perfekte Stütze, um gebogene Pflanzen anzubinden!

Verschluss-Clips von Tüten

Haar-Klammer

STÜTZE

WIE KOMMT MAN
KOSTENLOS
AN PFLANZEN
DIE TÖPFE
Black Tea

DER HAUPTUNTERSCHIED ZWISCHEN EINEM GEFÄẞ UND EINEM BLUMENTOPF SIND DIE

LÖCHER.

Topf von unten gesehen.

LÖSUNG NR. 1

LÖCHER BOHREN

LÖSUNG NR. 2

LÖSUNG NR. 3

AUF DER STRAßE
AUFMERKSAM SEIN
(UND GEDULD HABEN)

UNTER EINEM TOPF IST EIN **UNTERSETZER** NÖTIG …

(WIE BEI OMAS KAFFEESERVICE)

… ODER EIN **ÜBERTOPF**

(DEN MAN OFT AUSLEEREN MUSS)

Schönheits-Tipp

UM DIE ALTEN TÖPFE AUFZUHÜBSCHEN

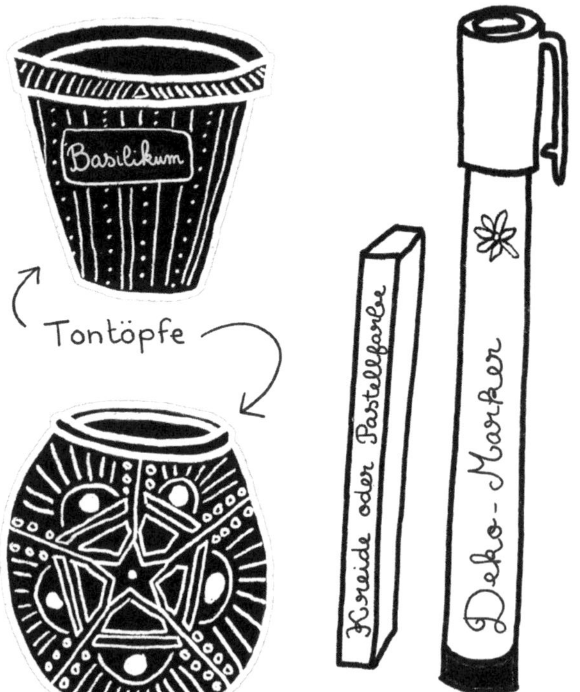

WIE KOMMT MAN
KOSTENLOS
AN PFLANZEN?
DAS SUBSTRAT

BETON - BETON - BETON - BETON -
WAS AM SCHWIERIGSTEN
KOSTENLOS IN DER STADT
ZU FINDEN IST, BEFINDET SICH
ÜBERALL UNTER DEM BETON:
DIE ERDE!

ALSO VERKAUFT MAN SIE UNS TONNENWEISE MIT HÖCHST SPEZIALISIERTEN ARGUMENTEN.

Vielen Pflanzerden ist TORF beigefügt.
Dieses FOSSILE pflanzliche Material stammt aus MOOREN und diese sind durch AUSBEUTUNG sehr EMPFINDLICHE ÖKO-SYSTEME geworden.

Das Material, in das man pflanzt, wird von den Profis SUBSTRAT genannt. Jede Pflanze hat ein bevorzugtes Substrat, aber merken wir uns folgendes:

GRÜNPFLANZE

* "Klassische" Pflanzerde
* Kompost

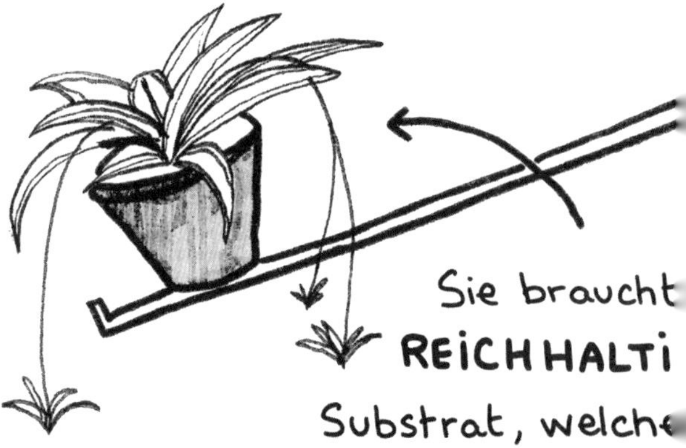

Sie braucht
REICHHALTI
Substrat, welche
das **WASSER** speiche

KAKTUS & SUKKULENTE

* Erde
* Sand

Diese Pflanzen **FÜRCHTEN** sich vor Staunässe. Sie brauchen ein **LEICHTES**, gut **WASSERDURCHLÄSSIGES** Substrat.

DIE MISSION:

Nach GLOBE-TROTTER-ART

* Für ERDE:

Mit einem Beutel und einer Schaufel bewaffne

Erde aufsammeln, sobald du ein bisschen Land siehst!

* Oder SAND, wenn du mal Ferien am Fluss / See machst.

(Sand vom Meer ist nicht so gut für Pflanzen.)

KOSTENLOSES SUBSTRAT

Nach KOMPOSTER-ART

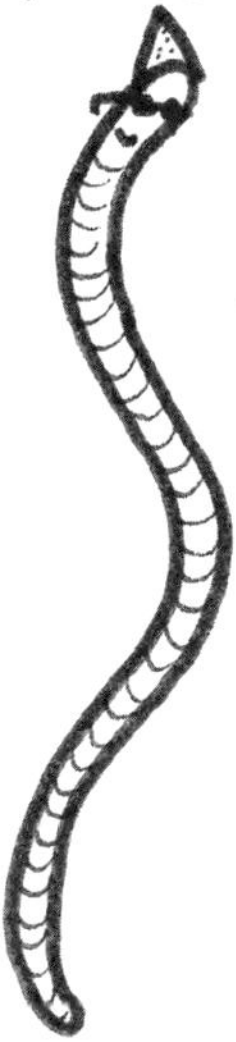

Egal, ob es sich um WURM-KOMPOST oder „klassischen" KOMPOST handelt, man findet ihn in der Stadt immer leichter!

Andernfalls gibt es noch die **BANANEN-SCHALEN-LÖSUNG**.

2 in Würfel geschnittene Bananenschalen 48h lang in 1 Liter Wasser einweichen, durchseihen und Tada! Fertig ist ein Super-Flüssig-dünger für ausgelaugtes Substrat!

In der Art LEBEN NACH DEM TOD

FESTSTELLUNG 1

Abgestorbene Pflanzen benötigen ihr Substrat nicht mehr. Ruhen sie in Frieden.

FESTSTELLUNG 2

Die Abfallbehälter auf dem Friedhof quellen vor lauter toten Pflanzen über. Und die Mülltonnen von zu lange verreisten Freunden ebenfalls …

INTERESSANTER WEG

Retten wir diese Erde, fügen etwas Dünger oder Kompost hinzu und geben ihr ein ZWEITES LEBEN!

WIE KOMMT MAN
KOSTENLOS
AN PFLANZEN?
DIE DRAINAGESCHICHT

IN IHREN KLEINEN GELOCHTEN TÖPFEN BENÖTIGEN DIE PFLANZEN EINE "**DRAINAGESCHICHT**".

ABER WAS IST DAS ??

AM HÄUFIGSTEN VERWENDET MAN TONKÜGELCHEN.

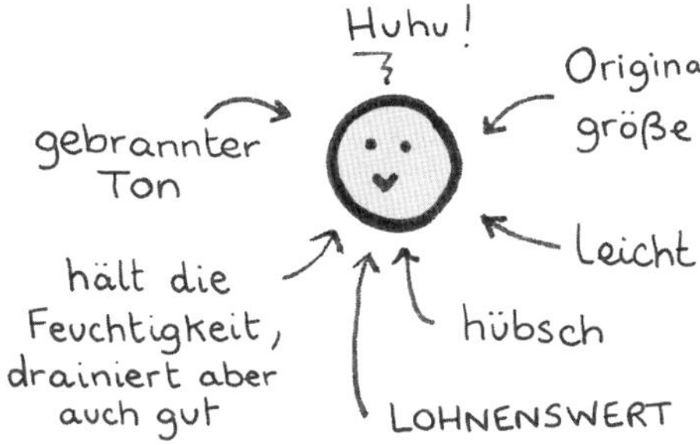

DAS IST PERFEKT, ABER NICHT KOSTENLOS.

Es sei denn du verwendest sie aus Orchideentöpfen wieder. Orchideen gehen bei allen ein.

EINE LÖSUNG WÄRE ES, ZÜGELLOS JEDEN KLEINSTEN, FESTEN GEGENSTAND AUFZUSAMMELN.

ZUM BEISPIEL...

Der echte Kleine Däumling findet seinen Weg nicht mehr, wenn du alles aufsammelst.

Aus den alten Töpfen
macht man die schönsten
Tonkügelchen.

Wie Oma
so schön sagt.

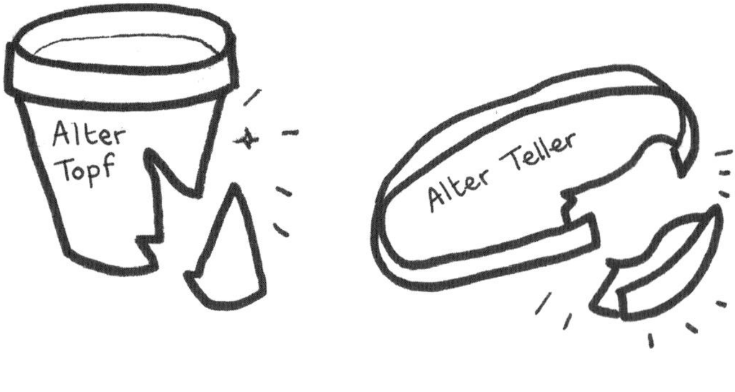

ZERBROCHENES GESCHIRR
UND KERAMIKTÖPFE WARTEN
NUR AUF EIN NEUES LEBEN.

DU BRAUCHST:
Eine Schwimmbrille, um die Augen zu schützen.
Einen Hammer.
STABIL ☆
Einen stabilen Plastiksack, in den man das angeschlagene Geschirr und die Töpfe legt.
Ein Brettchen zum Unterlegen.
Mut und Wut, um ALLES ZU ZERSCHLAGEN!

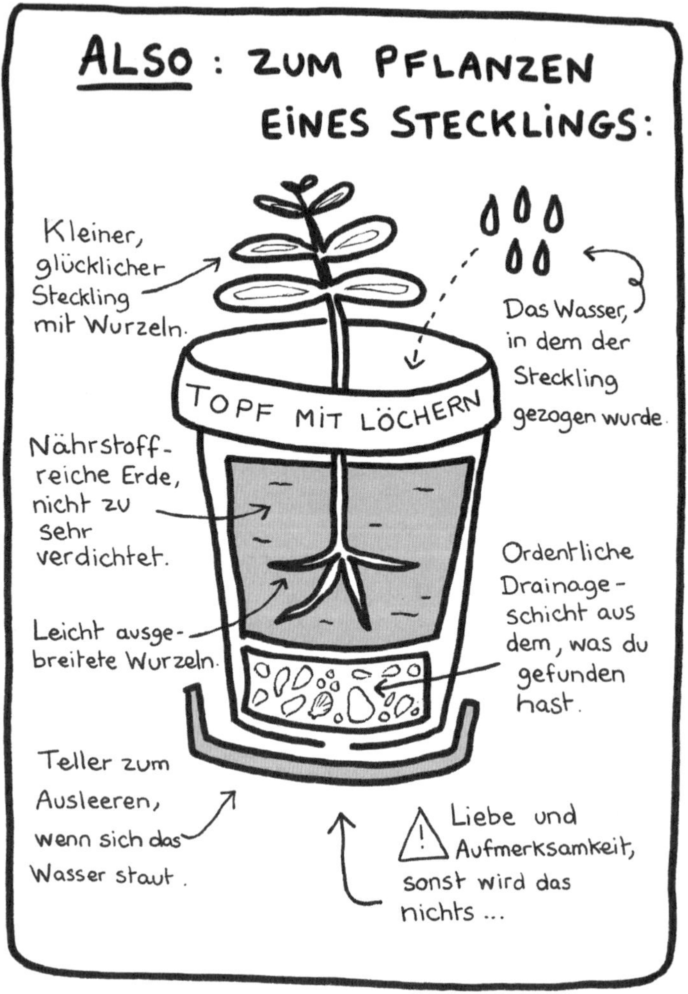
ALSO: ZUM PFLANZEN EINES STECKLINGS:
Kleiner, glücklicher Steckling mit Wurzeln.
Das Wasser, in dem der Steckling gezogen wurde.
TOPF MIT LÖCHERN
Nährstoff-reiche Erde, nicht zu sehr verdichtet.
Ordentliche Drainage-schicht aus dem, was du gefunden hast.
Leicht ausge-breitete Wurzeln.
Teller zum Ausleeren, wenn sich das Wasser staut.
Liebe und Aufmerksamkeit, sonst wird das nichts ...

WIE KOMMT MAN
KOSTENLOS
AN PFLANZEN?
PROJEKT:
STECKLINGE

DAS PRINZIP

Aus einer großen Pflanze -

ST EINFACH:

- Eine Baby-Pflanze entstehen lassen!

UM BABY-PFLÄNZCHEN ZU ZIEHEN,
BRAUCHST DU:
oder
Etwas zum Schneiden
oder
Etwas zum Befüllen mit Wasser
UND... EINE PFLANZE

DAS FUNKTIONIERT BEI SO VIELEN PFLANZEN, DASS ICH ES IM ZWEIFELSFALL EINFACH MIT ALLEN AUSPROBIERE...

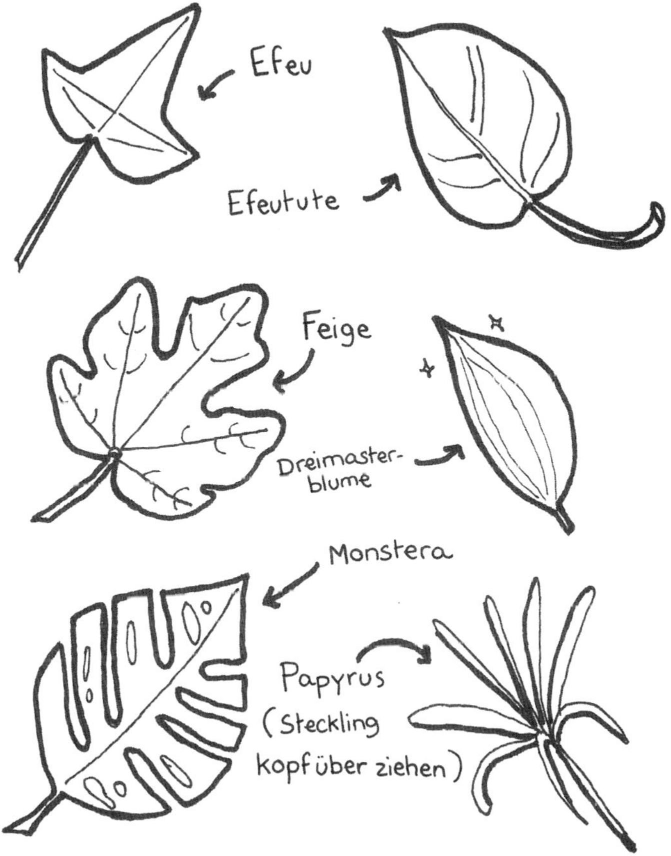

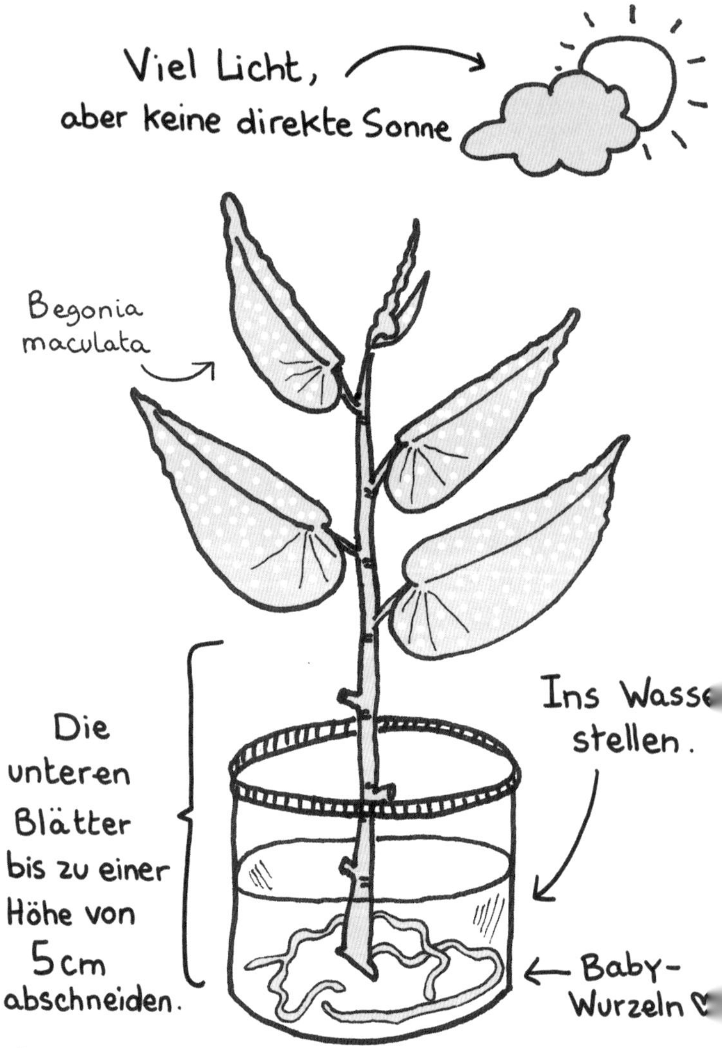
Viel Licht,
aber keine direkte Sonne
Begonia maculata
Die unteren Blätter bis zu einer Höhe von 5 cm abschneiden.
Ins Wasse
stellen.
Baby-
Wurzeln

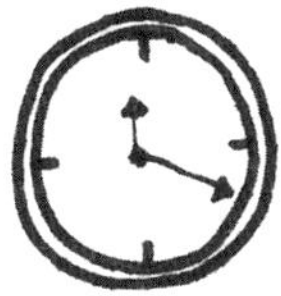

GUT, NUN MUSS MAN SICH EINE WEILE GEDULDEN.

WECHSLE ALLE ZWEI WOCHEN DAS WASSER AUS. ES DARF NICHT TRÜB WERDEN.

MAN SOLLTE MEHRERE VERZWEIGUNGEN NEHMEN, SONST SIEHT DIE NEUE PFLANZE ETWAS LÄCHERLICH AUS.

AM BESTEN WACHSEN AN JEDEM TRIEB MINDESTENS ZWEI BLÄTTER.

ERSTE AUFGABE: ROHSTOFF

EINE PFLANZE FINDEN

Lade dich selbst bei Bekannten ein und schau dir deren grünes Erbe an.

Sei auf der Straße aufmerksam. Es gibt zum Beispiel überall Efeu.

Super Stelle

« Kommt zum Plündern »

Mach Ausflüge ins Grüne.

⚠ SPEZIALTRANSPORT ⚠

Um das Pflanzen-Baby zu transportieren, sollte man feuchtes Küchenpapier oder Klopapier und Alufolie dabeihaben.

ABER WIE VERMEHRT MAN VIELE PFLANZEN DURCH STECKLINGE ?
Die UNVERZICHTBAREN

NICHTS IST BESSER, ALS STECKLINGE ZU TAUSCHEN,

UM DIE EIGENE PFLANZENSAMMLUNG ZU VERGRÖßERN!

Eine kleine Führung: die UNVERZICHTBAREN

SPIDER PLANT

oder GRÜNLILIE
oder GRÜNER HEINRICH
oder CHLOROPHYTUM

Es genügt, wenn man eine Babypflanze abschneidet und ins Wasser stellt. Viele Leute geben sie gerne her!

SNAKE PLANT

oder BOGENHANF
oder SCHWIEGERMUTTERZUNGE
oder SANSEVIERIA

Ein Blatt in Stücke von 7 cm Länge schneiden, 48h trocknen lassen, die Basis in Wasser stellen und abwarten!

KANONIER-BLUMEN (PILEA)

bilden SCHÖSSLINGE aus. Das sind Baby-Pflanzen, die aus dem Wurzelstock der Mutter-pflanze heraus wachsen. Man kann sie abschneiden und ins Wasser stellen, bevor sie GEPFLANZT werden.

FETTE PFLANZEN
oder Sukkulenten

* MIT SICHTBAREN TRIEBEN

Die Triebe wie bei einem "normalen" Steckling ins Wasser stellen oder auch direkt in die Erde setzen!

* OHNE SICHTBARE TRIEBE

DREIMASTERBLUMEN

oder Tradescantia

"Zebrina"

Glänzend und grün-violett

"Purpur"

Behaart und violett

"Fluminensis"

Glänzend grün

Du schneidest einen Trieb ab, stellst ihn ins Wasser und in zwei Wochen hat er neue Wurzeln!

EFEUTUTE

oder "der beste Kumpel für schattige Standorte"

Grün und manchmal gelb gestreift.

Eine lange Liane, die nach unten hängt oder sich an eine Stütze klammert.

Super einfach und schnell aus Trieben im Wasser zu vermehren!

Mein allererster Steckling ÜBERHAUPT

MONSTERA

Man muss gut achtgeben, am KNOTEN des Triebes abzuschneiden, bevor man den Steckling ins Wasser stellt.

LEUCHTER-BLUME

oder Ceropegia.

Die Wurzeln entstehen aus "Knöllchen", den kleinen grauen Perlen an den Trieben.

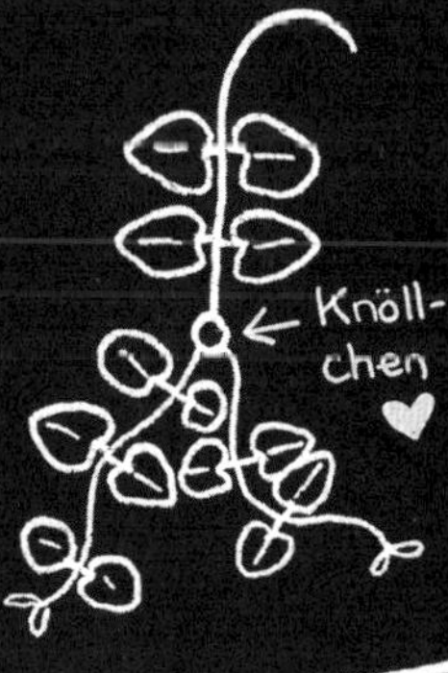

BEGONIA REX

(Königs-Begonie, tatsächlich bedeutet "rex" im Lateinischen "König" – und das hat nichts mit dem Dinosaurier zu tun. Aber gut ...

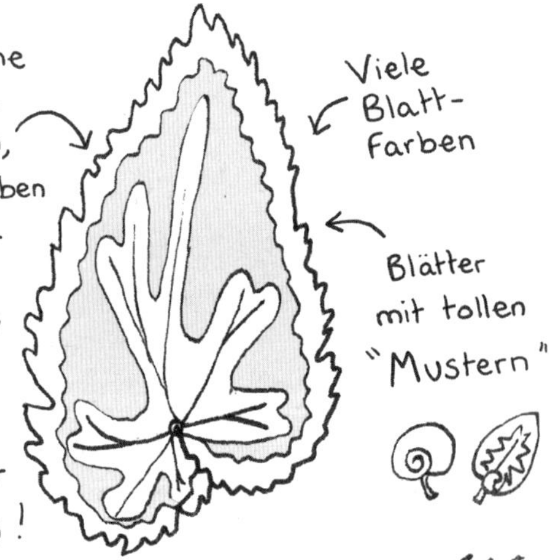

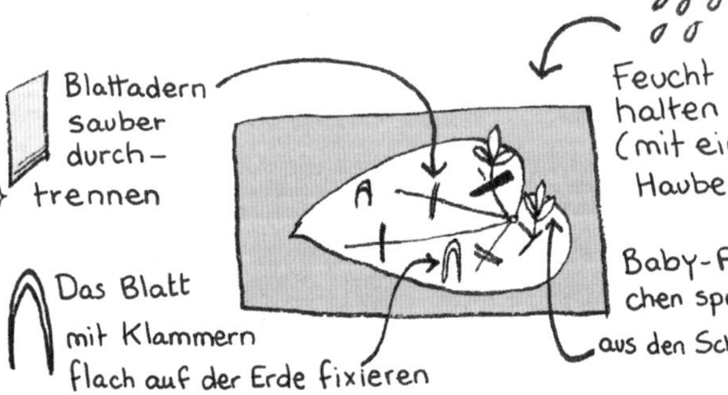

WIE KOMMT MAN KOSTENLOS AN PFLANZEN?
KÖNIGIN EFEU

DIE UNANGEFOCHTENE KÖNIGIN DER GRATIS-PFLANZEN…

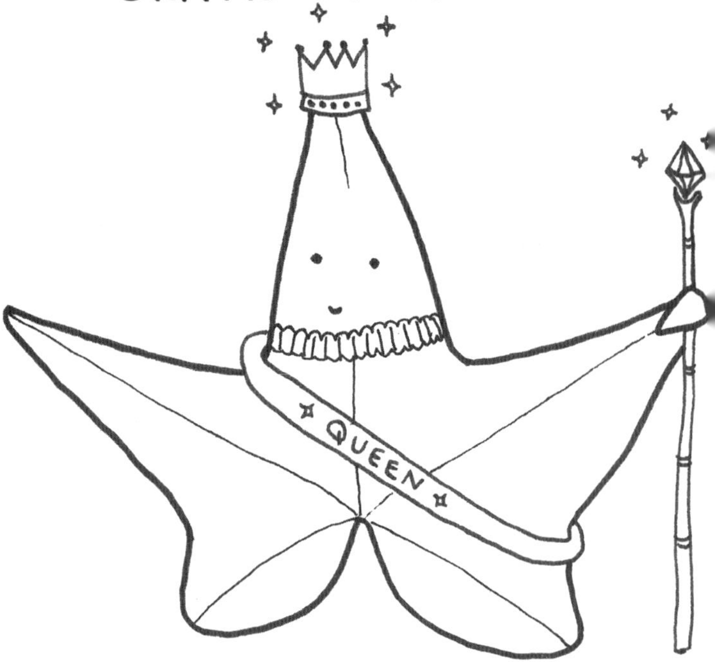

IST TATSÄCHLICH DIE EFEURANKE!

STECKBRIEF

NAME: KÖNIGIN EFEU

ALTER: bis 1000 Jahre!

GRÖßE: Ich wachse mehr als 0,5 m jährlich, bis zu 100 m insgesamt. Ich klettere bis auf 30 m in die Höhe, krieche aber auch.

WOHNORT: Schatten, drinnen wie draußen, ich komme gut auf jeglichen Böden zurecht.

FAMILIE: Riesige Verwandtschaft! Mehr als 100 Sorten.

LIEBLINGSSAISON: Ich bin immergrün! Ich behalte meine Blätter das ganze Jahr hindurch, auch wenn ich mich im Winter etwas ausruhe und dann kaum Wasser brauche.

EFEU GIBT ES WIRKLICH

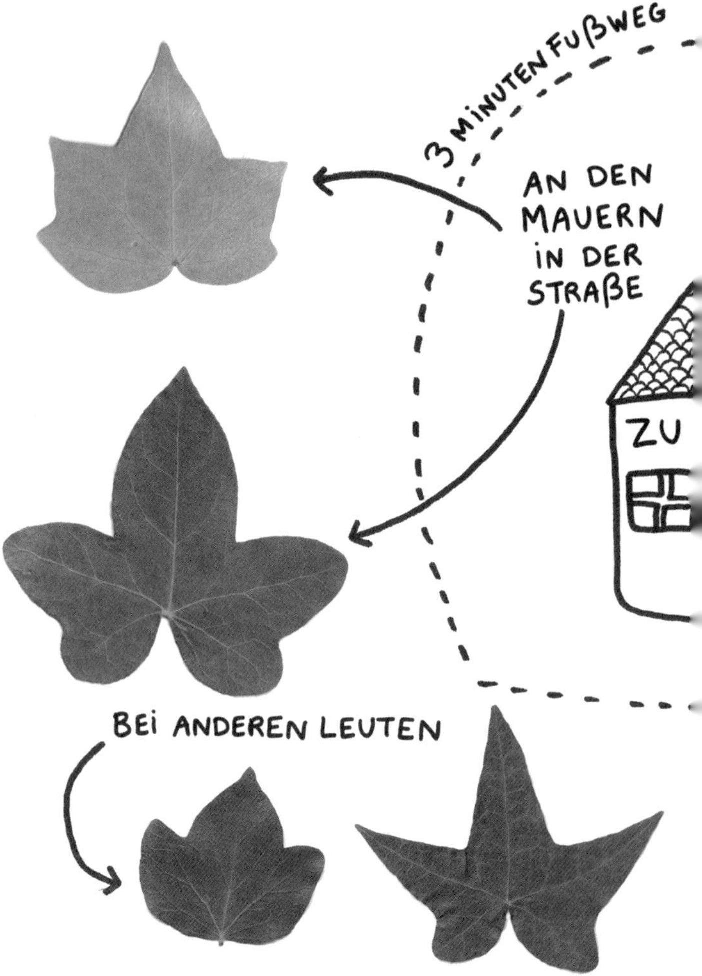

ÜÜÜÜÜÜÜÜÜBERALL

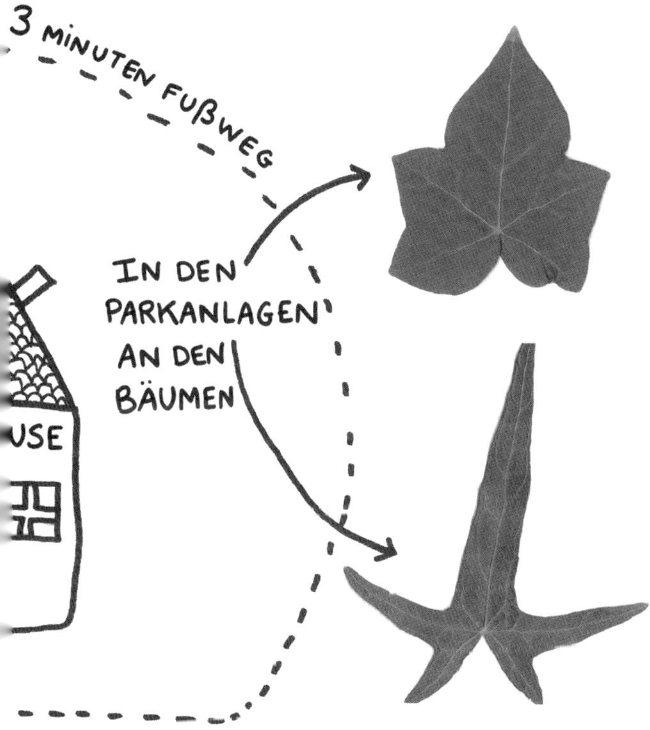

UND ES GIBT SEHR HÜBSCHE SORTEN, DIE MAN KAUM BEACHTET!

1 ERNTE

Nimm eine SCHERE mit, weil dieses Vieh zäh ist.

Was den richtigen ZEITPUNKT angeht, ist Efeu unproblematisch.

Am besten sind FRÜHLING und HERBST.

Achtung, nicht mit der anderen überall kletternden Pflanze verwechseln, dem WILDEN WEIN.

② STECKLINGE ZIEHEN

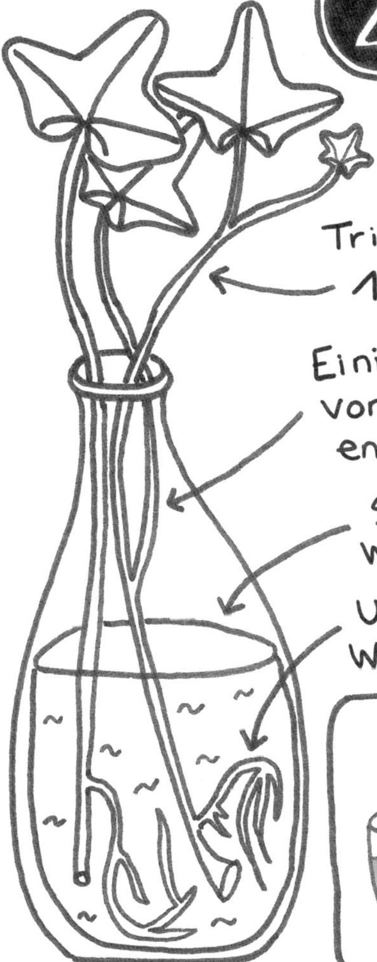

Triebe von ca. 15 cm Länge.

Einige Blätter vom Trieb entfernen.

Schwupp, ins Wasser damit!

Und auf die Wurzeln warten.

Sobald sich schöne Wurzeln gebildet haben: AB IN DIE ERDE!

AUßER DER REIHE

KOSTENLOSES SPÜLMITTEL GEFÄLLIG?

MAN BRAUCHT:

 x 50

x 1L

x 1

1. Blätter WASCHEN und ZERQUETSCHEN.
2. 15 MINUTEN lang sprudelnd KOCHEN.
3. Eine Nacht im abgedeckten Topf ZIEHEN LASSEN.
4. Durch ein Tuch oder eine alte Strumpfhose SEIHEN.

Hält sich EINEN MONAT

FUNKTIONIERT wirklich

DANKE KÖNIGIN EFEU!

WIE KOMMT MAN
KOSTENLOS
AN PFLANZEN?
BRUTBLATT
KALANCHOE DAIGREMONTIANA

Manche sagen, dass diese Pflanze aus MADAGASKAR stammt.
Aber ich bin überzeugt, dass sie aus der VERGANGENHEIT oder aus der ZUKUNFT kommt.

Seid wachsam,

beobachtet den Feind.

KALANCHOE DAIGREMONTIANA

wird

DIE GANZE ERDE*

ÜBERRENNEN

* MINDESTENS

Sie produziert TAUSENDFACH Nachkommen.

Und diese wachsen

GIGANTISCH,

sobald sie mit der Erde

in Berührung kommen.

Kalanchoe daigremontiana ist ein langer Name, den man sich nicht gut merken kann, daher nenne ich sie KROKODIL-PFLANZE*.

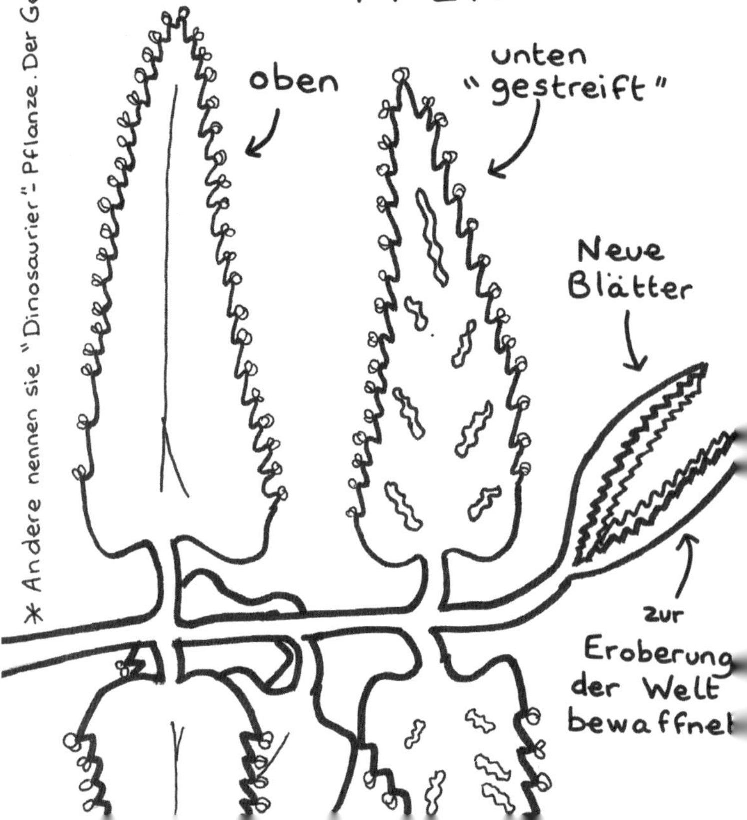

* Andere nennen sie "Dinosaurier"- Pflanze. Der Gedanke ist der Gleiche.

Abbildung 1: Kalanchoe daigremontiana trägt ihre Pflanzennachkommen in freier Wildbahn auf dem Rücken.

Dieses Bild hat nur entfernt mit alldem zu tun, illustriert aber unsere Ausführung. Außerdem beweist es wissenschaftlich, dass Kalanchoe daigremontiana zu den RAUBTIEREN gehören.

Man sollte sie **NIEMALS** nach MITTERNACHT GIEßEN.

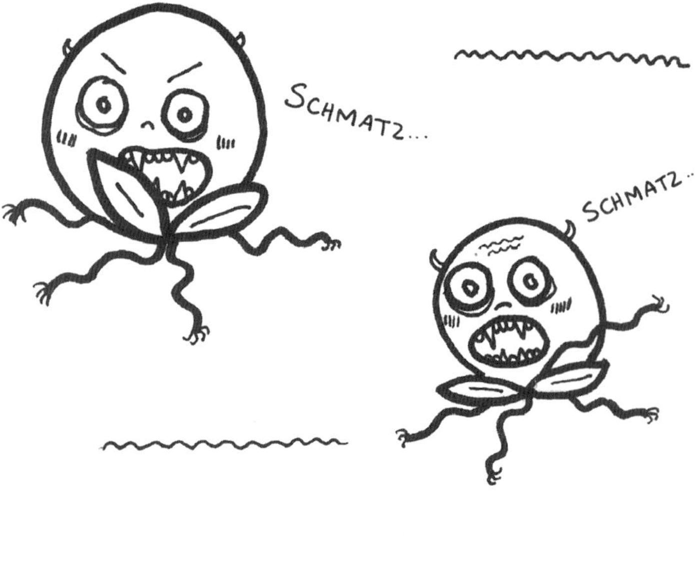

WiE KOMMT MAN
KOSTENLOS
N PF
ANZEN?
DiE SAMEN

ERSTE ETAPPE: DIE SUCHE

IN ALLEM, WAS WIR **ESSEN**, FINDEN SICH SCHÄTZE!

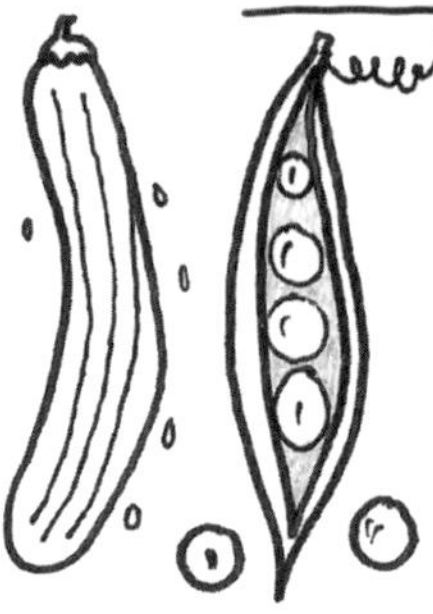

UND WENN ES NICHT IN DER FRUCHT IST, DANN KANN MAN ES TROTZDEM ZUSAMMENTRAGEN.

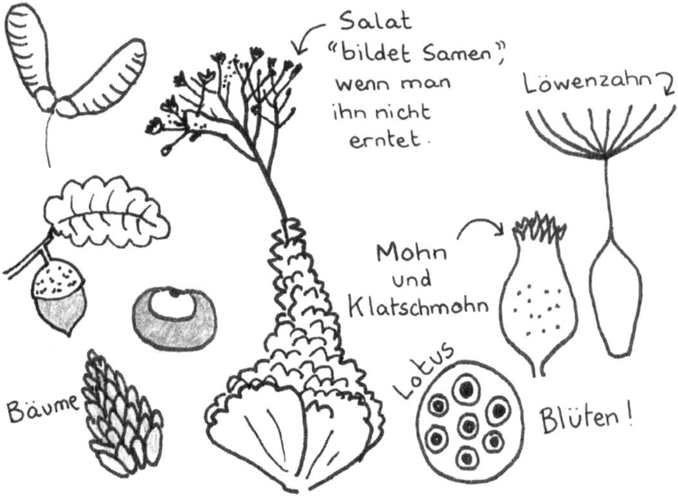

NACH DEN SAMEN

ODER BEI TAUSCHBÖRSEN.

In Samenhandlungen oder bei anderen verrückten Saatgut-freund*innen!

@ Es gibt zahlreiche Tauschbörsen im Internet.

ODER MAN FRAGT BEI DEN PROFIS AN:

- In botanischen Gärten.
- Im gewerblichen Pflanzenanbau.
- Bei der Stadtverwaltung oder bei Stadtgärtner*innen.

SIE GEBEN OFT SAATGUT AB.

DAS WICHTIGSTE BEI SAATGUT IST, DASS MAN ÜBERRASCHUNGEN LIEBT.

ICH EMPFEHLE FOLGENDES VORGEHEN:

WENIG ERWARTUNGEN + KEINE ANGST VOR DEM SCHEITERN

UND MAN WIRD SEHEN, WAS WÄCHST.

SCHLIMMSTENFALLS KOMMEN SELTSAME PFLANZEN HERAUS ODER GAR NICHTS.

AUS DEN SAMEN VON
KÜRBISARTIGEN
ENTSTEHEN OFT
HYBRIDE,

WENN DIE FORTPFLAN-
ZUNGSORGANE WIND
AUS ALLEN VIER
HIMMELSRICHTUNGEN
(und Bienenbesuch)
ABBEKOMMEN.

ES GIBT GENETISCH VERÄNDERTES SAATGUT, UM EXTRA WIDERSTANDSFÄHIGE PFLANZEN ZU ZIEHEN.
F1
Sie tragen die Bezeichnung «F1»
BESORGNISERREGEND IST, DASS MAN SIE JEDES JAHR NEU KAUFEN MUSS. SIE LASSEN SICH NICHT REPRODUZIEREN.

UM DIESES PATENTIERTE SAATGUT ZU UMGEHEN, SOLLTE MAN TAUSCHBÖRSEN UND DIE REBELLISCHEN SAATGUTVERMEHRER WIE KOKOPELLI, BINGENHEIMER ODER DRESCHFLEGEL … BEVORZUGEN.

UND DAMIT HILFT MAN AUCH DER ARTENVIELFALT, DENN DER KAUF UND DER ANBAU DIESER ALTEN SORTEN IST PROFESSIONELLEN LANDWIRTEN OFT VERBOTEN. SIE ANZUBAUEN HILFT, DIESE SORTEN ZU ERHALTEN.

NUTZPFLANZENVIELFALT.DE

Geheimnis der Jugend

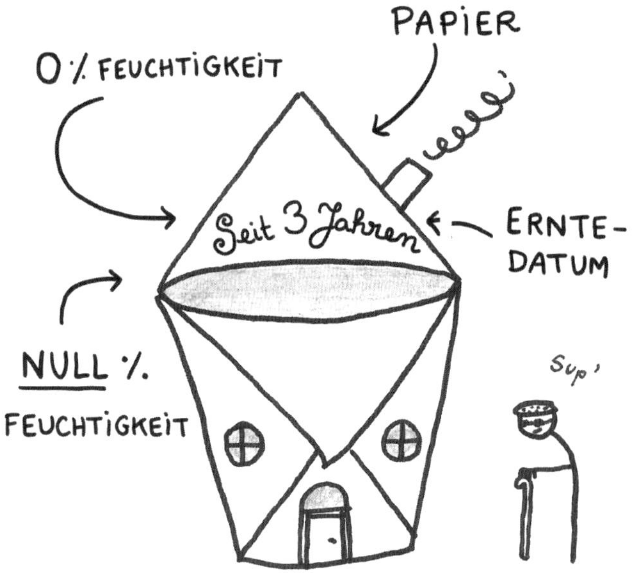

Schön TROCKEN gelagert, kann ein Samenkorn das kanonische Alter von 3 oder maximal 4 Jahren erreichen und dennoch zu einer ANSEHNLICHEN PFLANZE keimen.

FALT
ANLEITUNG
BERLIN 2024
ZUR AUFBEWAHRUNG
DEINES SAATGUTS.

Du kannst diese Faltanleitung herunterladen und ausdrucken, wenn du diesen Link eingibst: www.ulmer.de/plants-for-free

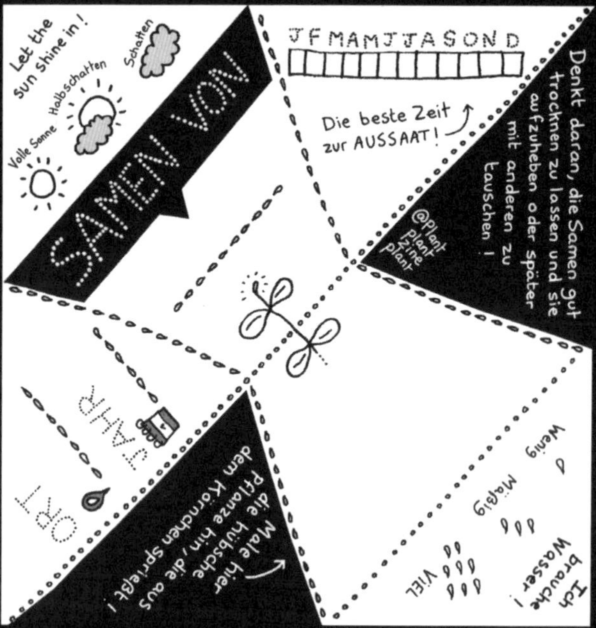

Oder verwende ein Papierquadrat deiner Wahl!

1

SCHREIBE ALLE INFOS ZUM SAATGUT AUF.

2

FALTE EIN DREIECK.

3

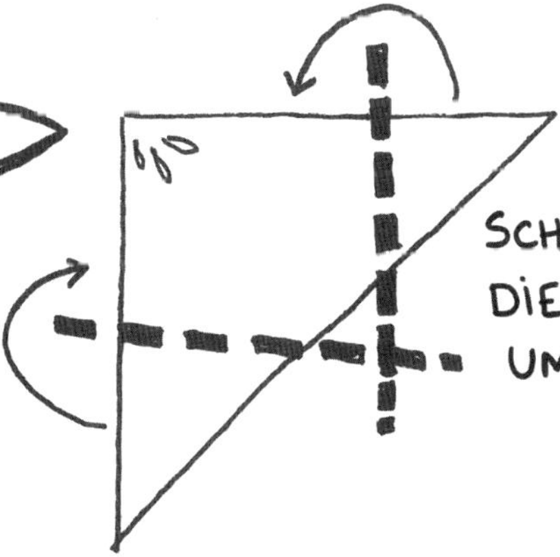

SCHLAGE DIE ECKE UM.

4 SCHIEBE DIE ERSTE ZUNGE ( ) IN DEN ÄUßERSTEN SCHLITZ.

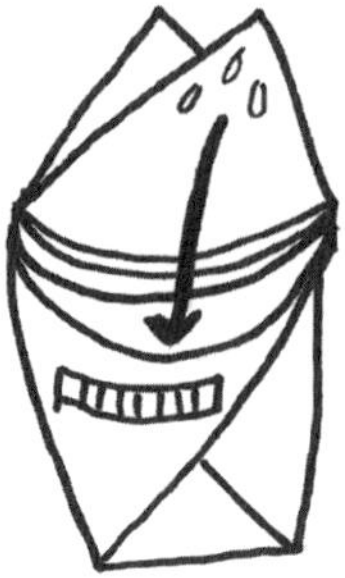

5

FÜLLE DIE SAMEN HIEREIN.

6 VERSCHLIEßE DAS GANZE, INDEM DU DIE ZWEITE ZUNGE ( ) IN DENSELBEN SCHLITZ SCHIEBST WIE DIE ERSTE.

WIE KOMMT MAN KOSTENLOS AN PFLANZEN?
Mission: AUSSAAT

★ QUIZ ★

WAS IST NIEDLICHER ALS EINE BABY-PFLANZE, DIE GERADE AUS DEM SAMENKORN SPRIEẞT?

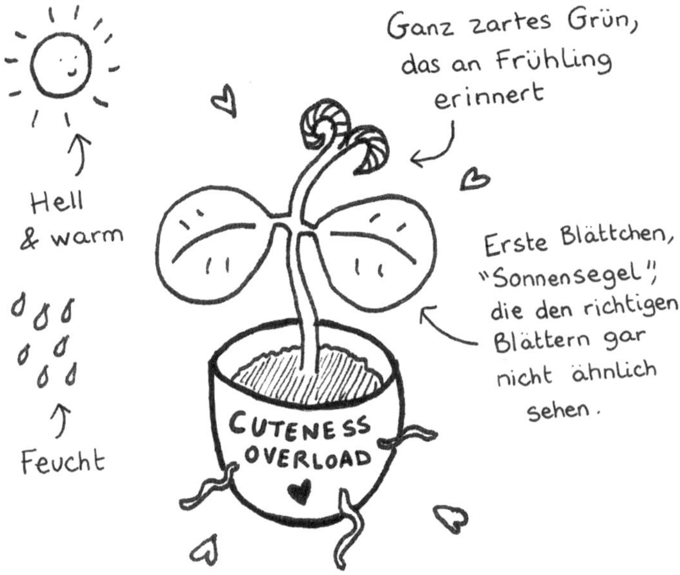

ANTWORT: ABSOLUT NICHTS!

WENN DU DIE RICHTIGE ANTWORT AUF DIE FRAGE KENNST, DANN BIST DU BEREIT:

★ um der Pflanze bei dir zuhause den BESTEN SONNENPLATZ zu geben.

★ "Hallo" zu deinem neuen besten Kumpel zu sagen: DIE SPRÜHFLASCHE.

ein Haushaltshelfer

★ den URLAUB zu vergessen und bei den lieben Kleinen zu bleiben.

★ Eine neue LEIDENSCHAFT zu entwickeln und sie TAGTÄGLICH mit LIEBE anzusehen. ♥♥

DIE BESTEN BEHÄLTNISSE

DER KLASSISCHE EIERKARTON

Daran mögen wir:

- biologisch abbaubar
- kompakte und variable Größe (6,10,1

Was wir nicht so mögen:

- tägliches Gießen
- geringe Pflanztiefe

Direkt in die Eierschale, der doppelt ländliche Stil.

SONDER-ANGEBOT

ZU JEDEM KARTON GIBT ES 6 EIER DAZU !!!!

GEWERBLICH

Ein gefundener, gesammelter oder geklauter **ANZUCHTTOPF**

Daran mögen wir: die Löcher und die Höhe

Aber schwer zu finden

♡ FÜR DEINE AUSSAAT!

VERPACKUNGEN WIE KÖRBCHEN UND SCHACHTELN

Daran mögen wir:

- den transparenten Deckel für den "Gewächshaus-Effekt"
- die Ablaufmöglichkeit von Wasser bei Beerenobstschalen.

DIE WILDNIS: DIREKT IN DIE ERDE

Daran mögen wir:

- das gewagte Spiel mit der natürlichen Selektion.
- automatische Bewässerung bei Regen.

Was wir nicht so mögen:

- jahreszeitliche Einschränkungen.
- hohe Sterblichkeitsrate der Pflanzenkinder.

DER TERMINKALENDER

Vor der AUSSAAT prüfen,
ob der ZEITPUNKT STIMMT!

11, 12 UND 13. MAI

→ Die EISHEILIGEN stehen für die letzte FROSTGEFAHR.

Danach heißt es: RAUS IN DIE WELT!

Samen benötigen zwischen 7 UND 30 TAGEN zum Keimen! Wenn man sie vorher in Wasser einweicht, beschleunigt sich "das Auflaufen".

DAS PFLANZEN 1x1

LANG & DÜNN SPRIEẞEN

Das passiert, wenn ein Keimling nicht genug Licht hat und dann einen unendlich langen Trieb entwickelt. Das ist schlecht, weil er schwach wird.

AUSDÜNNEN

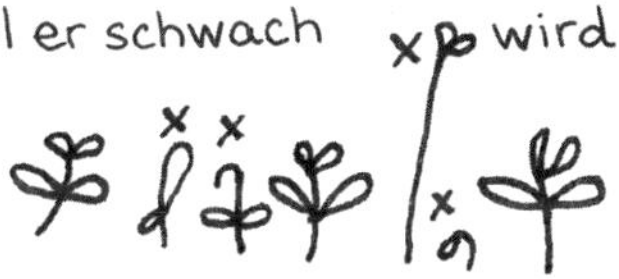

Das heißt Baby-Pflänzchen ausreißen, die nicht fit sind, damit die CHAMPIONS Platz haben.

Ja, das ist FURCHTBAR, aber nötig.

PIKIEREN: Umpflanzen von Sämlingen in größere Behälter.

Beim "Pikieren" sollte der Ballen des Sämlings feucht sein!

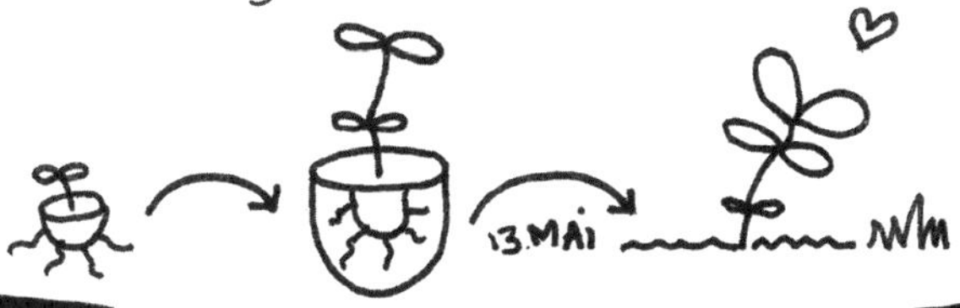

DAS MINI-GEWÄCHS-HAUS!
VER-SCHLOSSEN
BOHNEN xx/xx/xx
ETIKETT mit dem Namen und dem Saatdatum.
Durchsichtige PLASTIK-FLASCHE, in zwei Hälften geschnitten!
KLEBESTREIFEN, um die Flasche nach dem Säen wieder dicht zusammen zu setzen.
1 Bis 5 SAMEN, je nach Größe.
"Leichte" ERDE (keine großen Brocken).
Das WASSER bis hier auffüllen!
TONKÜGELCHEN oder Kieselsteinchen oder anderes ...
Und TADAAAAA!
NUR NOCH ABWARTEN

WIE KOMMT MAN KOSTENLOS AN AVOCADO-PFLANZEN?

ALL DIESE LECKEREN DINGE (mit den anschaulichen Bildern) KÖNNEN ZU WUNDERBAREN, GROßARTIGEN GRATIS-PFLANZEN WERDEN.

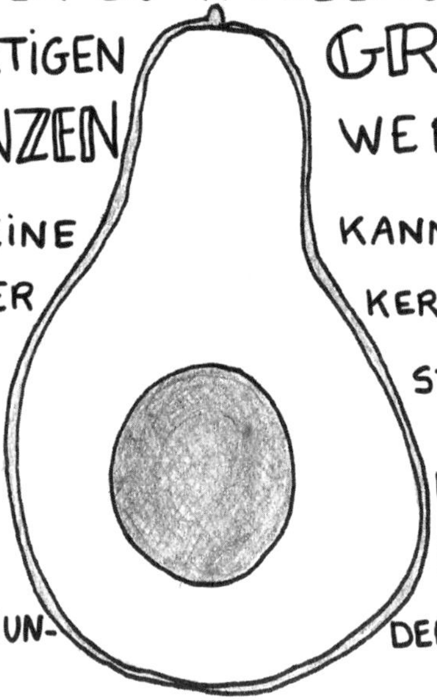

ABER KEINE KANN DEN STAR ALLER KERNE VOM THRON STOßEN.

ICH NOMINIERE DEN FABELHAFTEN DEN BEWUN-DERUNGSWÜRDIG

UND TROTZDEM BESCHEIDENEN

AVOCADO-KERN.

(NATÜRLICH IST DIE LISTE NICHT VOLLSTÄNDIG. UND DIE SCHWIERIGKEITSGRADE VARIIEREN.)

MANGO-
KERN
ANANAS-
SCHOPF
STÜCK EINER
INGWERWURRZEL
DATTEL-
KERN
LITSCHI-
KERN

☆ Die Kinderstube ♡

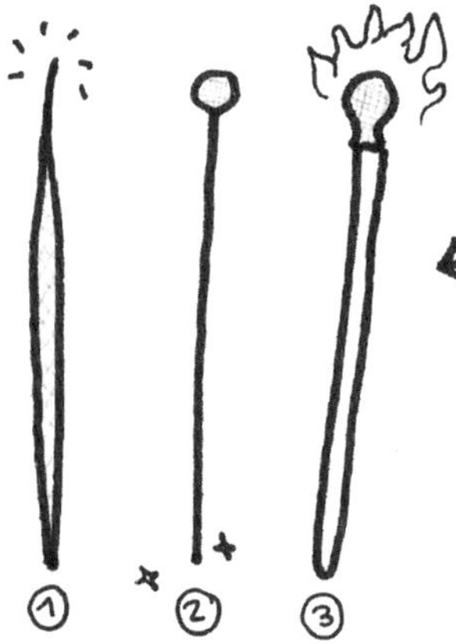

① Zahnstocher
② Haarnadel
③ Streichholz

Der Kern platzt senk-recht auf, ...

Die Wurzeln sprießen unten aus dem Kern

... damit die ersten niedlichen Blättchen an der Spitze des Kerns Platz haben.
Hell, aber keine direkte Sonne
Kleine Gefäße
Ein Wasserhahn IN DER NÄHE, um das Wasser OFT zu wechseln.
Der Popo sitzt IMMER im Wasser

Je nach Avocado-Sorte und der Art, wie sie gelagert wurden, gibt es unterschiedliche Ergebnisse. Probier's mit vielen Kernen aus, damit:

1) Die Chancen zu deinen Gunsten steigen.
2) Mehr Guacamole in dein Leben tritt.
3) Eine Pflanzensammlung entsteht und du die Pflanzen später an Freunde und Bekannte verschenken kannst.

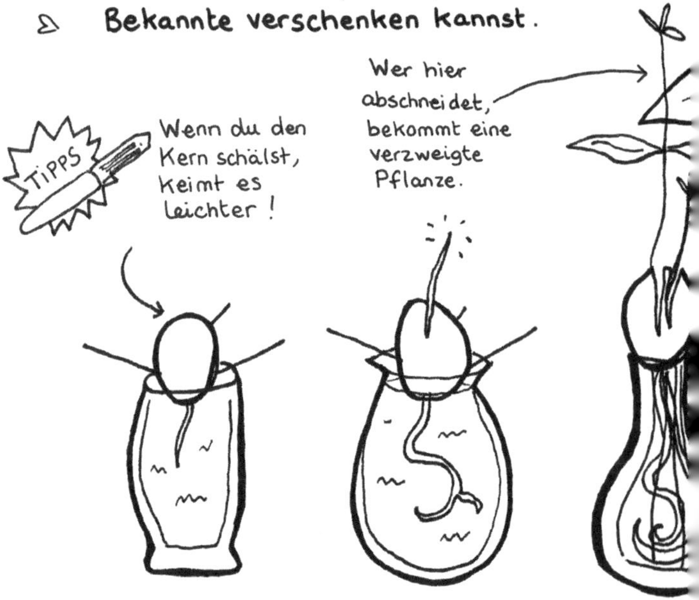

und Zeeeeeeeeeeeeeeeeeeeeeeeeeee

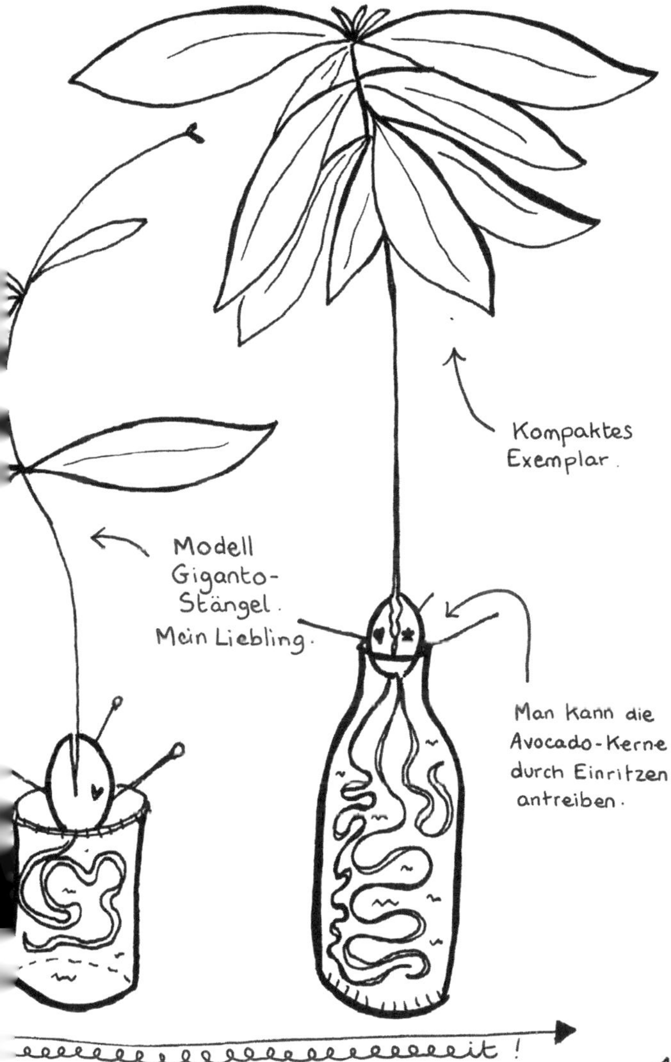
Kompaktes Exemplar.
Modell Giganto-Stängel. Mein Liebling.
Man kann die Avocado-Kerne durch Einritzen antreiben.
eeeeeeeeeeeeeeeeeeeeeeeeeeeeeeeit!

Getestet & für gut befunden

Die Faulpelz-Methode

48h im Wasserglas

Avocado-Kern lässt sich superleicht schälen.

In nasses Toilettenpapier* einwickeln.

Gib das Ganze in einen dichten Plastikbeutel!

3/4 Wochen dunkel & warm und du siehst die ersten Wurzeln!

Danach unbedingt ins Wasser stellen.

* funktioniert auch mit Taschentüchern ...

WIE KOMMT MAN
KOSTENLOS
PFLANZEN?
Die Kerzenteller

URSPRÜNGLICH WURDE DIESES TEIL VON SCHLOSSHERREN VERWENDET, DAMIT DAS KERZENWACHS NICHT VON DEN LEUCHTERN TROPFTE.

ES NENNT SICH

KERZEN-TELLER.

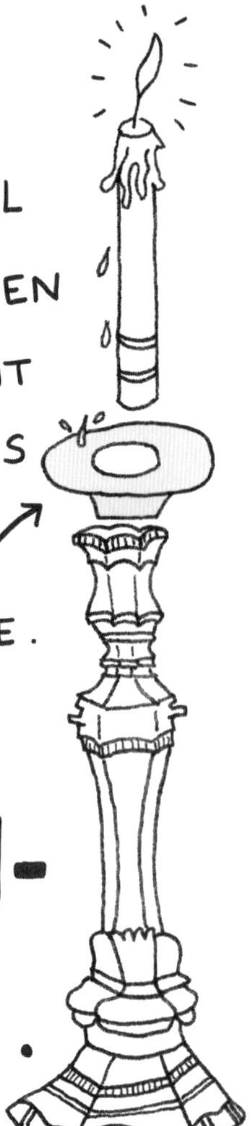

MAN FINDET SIE AUF DEM FLOH-MARKT

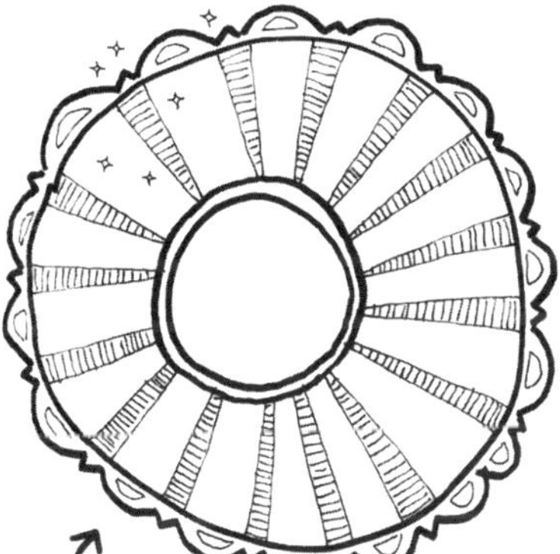

AN DEN EIGENARTIGEN STÄNDEN MIT «KRISTALLEN».

↗ 3€

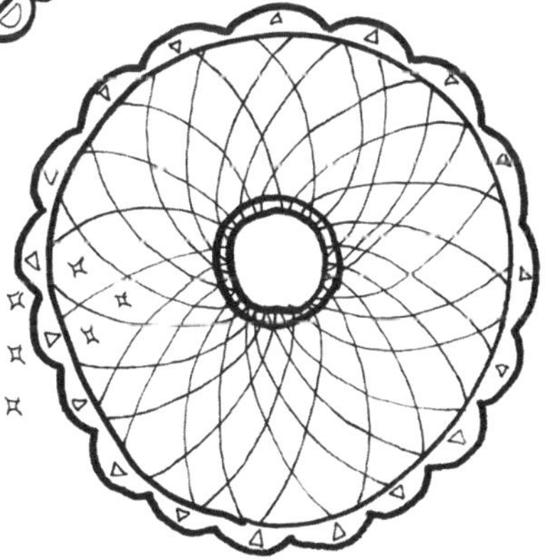

SIE SIND SEHR SEHR NOBEL.

KERN ODER GROßER SAMEN, DER SCHON LEICHT AUSKEIMT.

(48h im Wasser, dann im nassen Taschentuch in einen wasserdichten Beutel und schwupp! Mini-Wurzeln!)

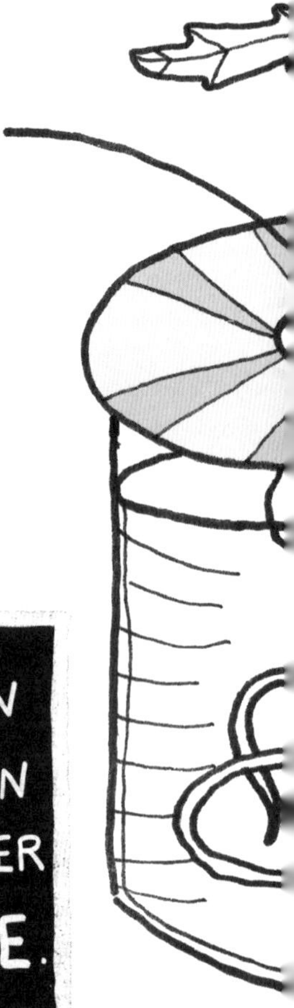

FÜR PFLANZEN GENUTZT, DIENEN DIE KERZENTELLER ALS **KEIMSCHALE**.

BLÄTTER, STÄMMCHEN & KERN IN DER LUFT!
DER KERZEN-TELLER
WURZELN IM WASSER
EGAL, WELCHES GEFÄß
(bei Glas sieht man die Entwicklung besser!)

EINEM KERZENTELLER ÄHNLICH:
SCHLEMMER-MENÜ
Ein umgedrehter Flaschenhals
SLURP
PIZZA
Pizza-Schutz (zum Mitnehmen)
Deckel von Getränke-bechern oder Eis (zum Mitnehmen)

UNSERE AUSWAHL
FUNDORT BADEZIMMER
Die MEHRFACH-MANSCHETTE aus dem Zahnbürstenhalter
SCHWARM
Rohr-
anschetten
findet man
ls Second-
Hand-Ware)

D.I.Y. KERZENTELLER

– all inclusive –

DU BRAUCHST:

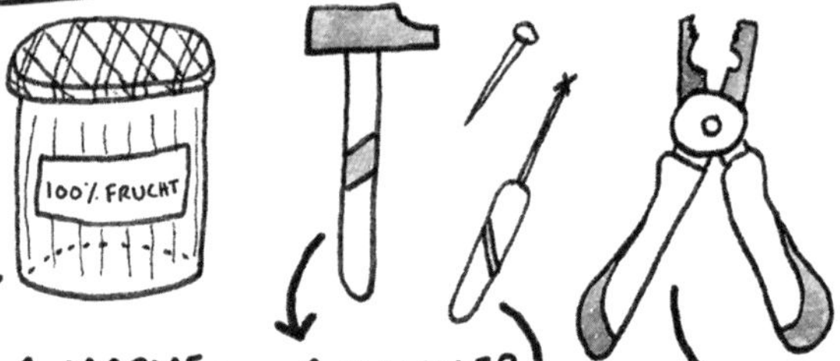

1 MARMELADENGLAS

1 HAMMER

Ein paar spitze DINGE

1 ZANGE

AUFGABE: EIN LOCH in der Größe deiner Wahl in den Deckel BOHREN.

Die kleinen, scharfkantigen Metallstücke mit der Zange ordentlich abzwicken.

WIE KOMMT MAN
KOSTENLOS
AN PFLANZEN?
REGROW

« REGROW »

das englische Wort bedeutet

NACHWACHSEN

Im Internet führt die Suche zu zahlreichen Fotos von Haarimplantaten.

Für unser Thema weit gefehlt ...

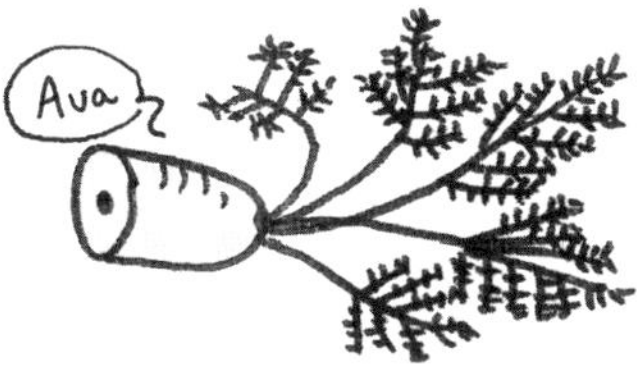

BEI PFLANZEN BEDEUTET ES, DASS MANCHE AUS EINEM LEBENSMITTEL NACHWACHSEN KÖNNEN, MANCHMAL SOGAR NUR AUS EINEM TEIL DES LEBENSMITTELS (und wir VERZEHREN das zweite Stück).

Die KRÄU

DIE KLASSISCHE STECKLINGS-VERMEHRUNG (Trieb von ~15 cm Länge ins Wasser stellen, nach Bewurzelung in die Erde setzen) IST ERFOLGREICH BEI:

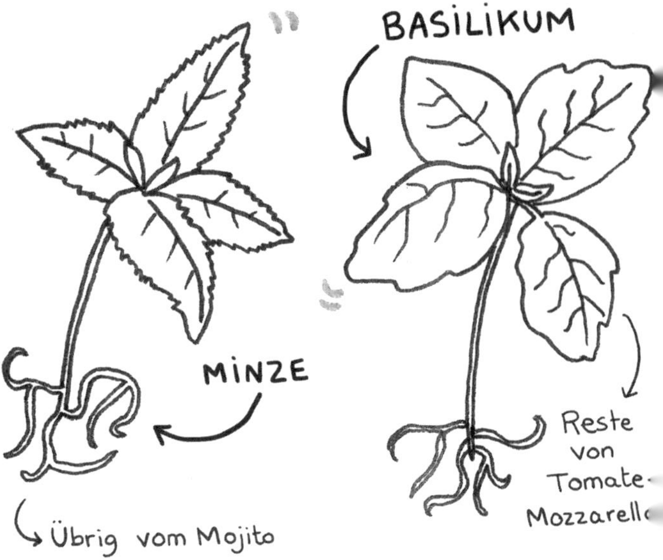

TER !

NOCH EINFACHER IST ES MIT DEN KRÄUTERN, WENN ES SICH UM ZWIEBELPFLANZEN HANDELT: DIE BLÄTTER VERSPEISEN UND DIE ZWIEBEL EINPFLANZEN!

Hopp, auf den Teller

Hopp, in feuchte Erde

In Asia-Läden werden oft frische oder verpackte Pflanzen mit Zwiebel und/oder Wurzeln angeboten!

Schnitt-knoblauch

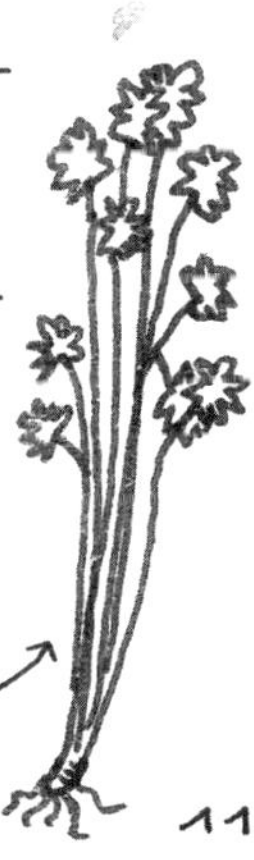

Koriander

Die WUR

INGWER & KURKUMA

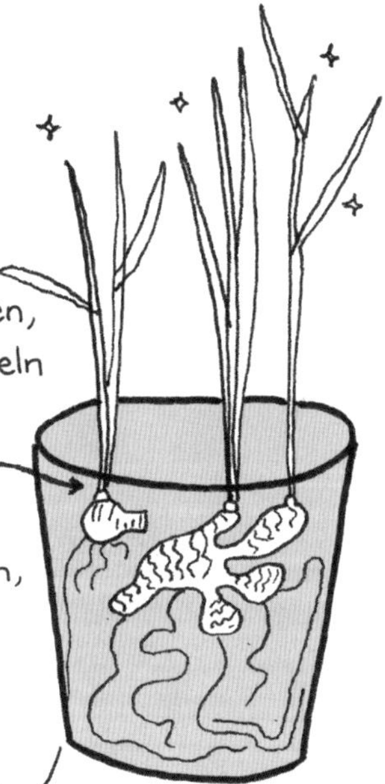

Man muss darauf achten, dass die Wurzeln AUGEN haben. Das sind kleine grüne Knospen, aus denen die Blätter sprießen.

Sie fangen in
feuchter, warme
Erde direkt a
zu wachsen.

Fragment oder ganze Wurzel. Sie wächst und kann geerntet werden!

ZELN

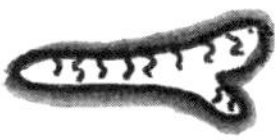

Wer ein günstiges "ELEFANTEN-OHR" ziehen möchte ...

... greift zur MALANGA-KNOLLE! Die Wurzel verzehrt man gekocht wie Süßkartoffeln und sie ist in "exotischen" Lebensmittelläden (mit Karibiksortiment) erhältlich.

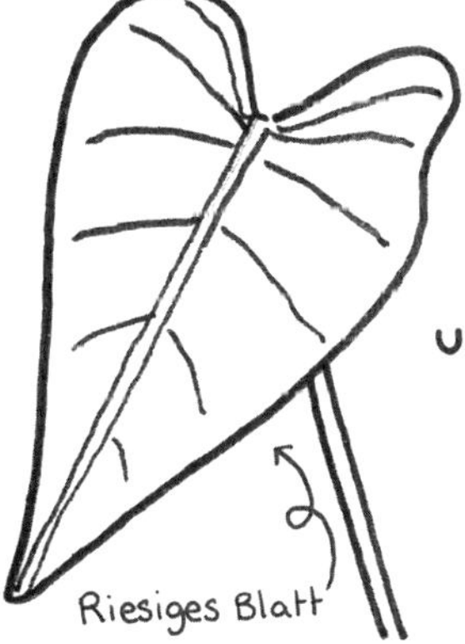

Es handelt sich um die Wurzel von XANTHOSOMA (Goldnarbe) und sie wächst wie Ingwer.

BONUS!!
TARO ist die Wurzel der hübschen COLOCASIA.

Die ZWIEBELN

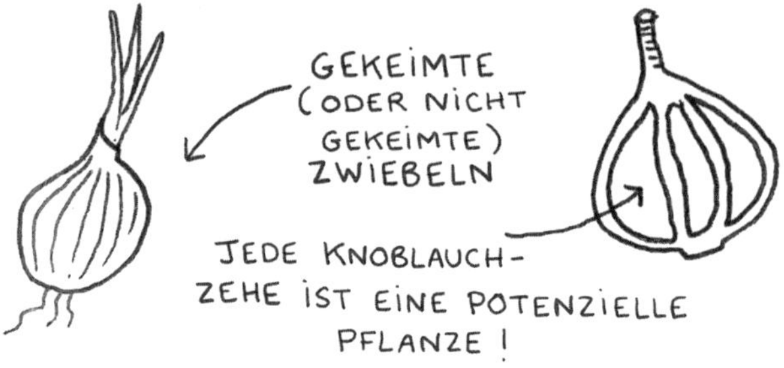

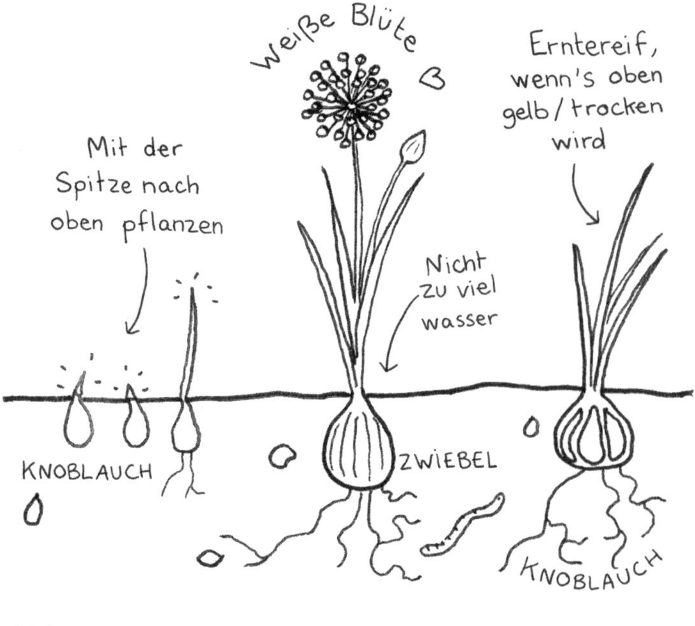

WIE KOMMT MAN
KOSTENLOS
AN PFLANZEN?
DIE KUNST
DES NACHLESENS

UM DER JEDI-MEISTER DER KOSTENLOSEN PFLANZEN ZU WERDEN, MUSS MAN DIE KUNST DES

NACHLESENS

BEHERRSCHEN.

NACHLESEN
ODER STOPPELN IST
EIN GEWOHNHEITSRECHT,
WONACH MAN VOM BODEN AUF-
LESEN DARF, WAS NACH DER ERNTE
LIEGEN GEBLIEBEN IST. FRÜHER ERLAUBTE
ES DEN ÄRMSTEN DER ARMEN EINZUSAMMELN,
WAS SONST VERLOREN GEWESEN WÄRE.

Es geht um das Nachlesen von

PFLANZEN

ohne diejenigen zu stören, die den Anbau betreiben. Es darf auch das **ÖKOSYSTEM** nicht stören, in dem die Pflanzen gedeihen.

DU BRAUCHST:
Eine gute BEOBACHTUNGS-GABE
Die NATURSCHUTZ-VERORDNUNGEN
PARK
RESPEKT und ACHTSAMKEIT für die Umwelt
Ein bisschen MUMM, um andere zu fragen, ob sie es erlauben
?
Das ZEUG zum ERNTEN
GEDULD, um im richtigen Moment zu ernten

Früh

IN WALD UND FLUR IST DER ZEITPUNKT GEKOMMEN, UM DIE DINGE IN GROßEM RAHMEN ZU SEHEN!

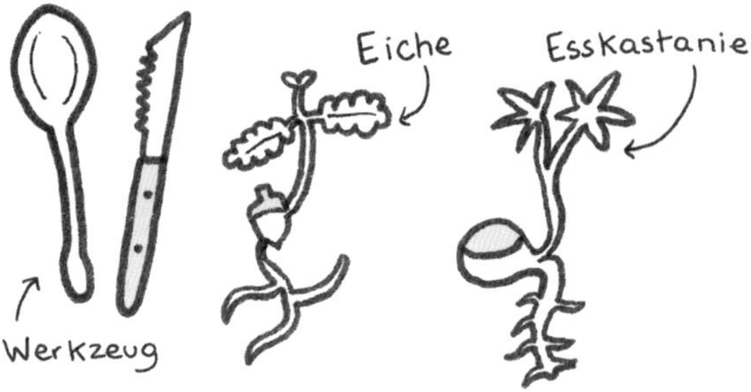

Nach einem notwendigerweise kalten Winter keimen die Baby-Bäumchen in Massen und nur wenige werden überleben – wegen Lichtmangels oder wegen der Rehe.

#ADOPTIEREEINEEICHEL

ling

DAS IST DIE ZEIT DER STECKLINGE ! UNZÄHLIGE KLEINE PFLANZEN ERSCHEINEN ENTLANG DER WEGE UND MAUERN.

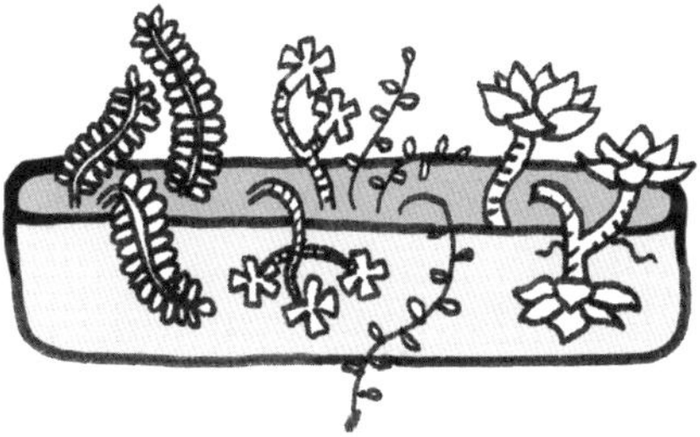

Wenn du kleine Stückchen abschneidest und umpflanzt, entsteht rasch ein wilder Blumenkasten, der wenig Pflege braucht.

Som
SOBALD DIE BLÜTEN NACH DER GROßEN HITZE GETROCKNET SIND, HOL DIR DIE **SAMEN**!
Stockrosen wachsen überall in der Stadt. Groß und meistens Rosa.
Winzige Samen in den Mohnblumen.
Sonnenblume = 10 000 Sonnenblumenkerne!

mer

WENN MAN DIE AUGEN OFFEN HÄLT, SIEHT MAN DIE SAMEN ÜBERALL. ODER MAN HÖRT SIE, WENN MAN DIE ZWEIGE BERÜHRT.

Ernte bei Trockenheit ist perfekt für die Saat im nächsten Frühling.

100 % lokal!

Silberblatt: super schön

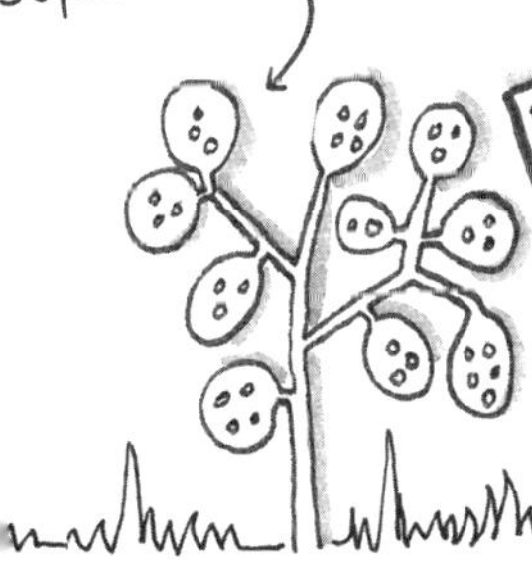

Herbst

IN DEN STÄDTISCHEN BLUMENBEETEN GIBT ES OFTMALS STAUDEN (mehrjährige), DIE NUR EINJÄHRIG ANGEBAUT WERDEN (und in die Mülltone wandern, sobald es kalt wird. Ein Trauerspiel!)

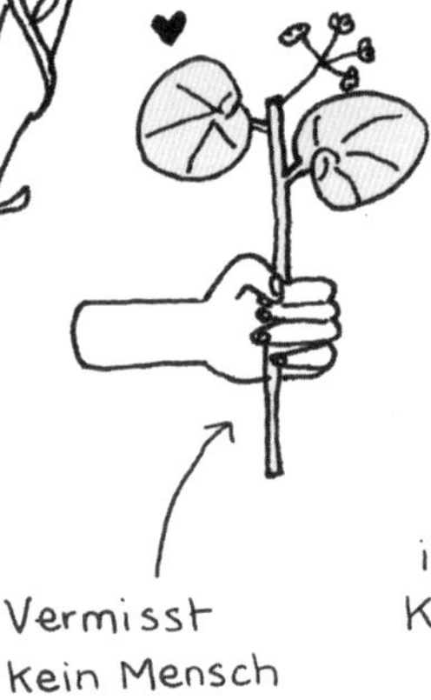

Knips, ein (kleiner) Trieb von Begonia semperflorens, unmittelbar vor dem Einsatz der Gärtner abgeschnitten. Ich gebe ihm ein Dach über dem Kopf zum Überwintern!

und Winter

- JETZT KOMMT DER ZEITPUNKT, UM TOTGEGLAUBTE PFLANZEN ZU RETTEN (die sich gerade aber nur ausruhen).

OXALIS verlieren im Winter ihre Blätter, kommen aber im Frühling wie ein SCHLUCKAUF wieder!

- PFLANZENGESCHENKE ZU WEIHNACHTEN UND ZUM VALENTINSTAG (ODER BLUMENZWIEBELN: HYAZINTHEN, TULPEN...)

Du könntest jetzt Stecklinge von Pflanzen nehmen oder Zwiebeln später verteilen!

Außerdem: Rosen haben jetzt keine Saison.

DAS GANZE JAHR HINDURCH SAMMELST DU ABGEBROCHENE ZWEIGE UND BLÄTTER EIN.

Um das Schicksal ein wenig herauszufordern:

- hilf deinen Kumpels beim Umzug (große Gefahr, dass etwas abbricht – natürlich unbeabsichtigt).
- geh in eine Gärtnerei oder eine städtische Gartenanlage und schau auf den Boden.

WIE MAN DIE GRATIS-
PFLANZEN
AM LEBEN HÄLT
UND SIE SOGAR
WACHSEN!
KUNDEN
HOTLINE

ES IST TOLL, WENN MAN PFLANZEN BESITZT. NOCH TOLLER IST ES, WENN MAN LEBENDE PFLANZEN BESITZT. VERSPROCHEN.

Das sind die Spitzen-Werkzeuge, die dir helfen, deine Pflanzen am Leben zu erhalten und so werden sie sogar größer!
ANDERNFALLS FOLGEN HIER EIN PAAR NÜTZLICHE FRAGEN & ANTWORTEN!

KERNE

Mit der Faulpelz-Technik* ist der Kern gekeimt. Was mache ich nun?

*siehe Seite 106

Entweder pflanzt du ihn ein oder du lässt ihn noch etwas im Wasser wachsen. Bei der zweiten Variante solltest du es so einrichten, dass nur die Wurzel ins Wasser hängt! (mit Zahnstocher oder Kerzenteller)

Kann ich alle Kerne pflanzen?

Die Kerne eher heimischer Früchte (wie Pfirsich, Mandel, Aprikose, Esskastanie ...) müssen winterlichen Frost durchstehen, bevor sie im Frühling keimen können. In der Tiefkühltruhe herrscht das ganze Jahr Winter! Es ist aber trotzdem komplizierter als bei Avocado, Dattel oder Litschi, die die Wärme in unseren Häusern lieben.

? PFLEGE

Sie sieht jämmerlich aus. Was ist zu tun?

Im Winter ist das oft normal. Die Pflanze ruht. Andernfalls hilft ein wenig Dünger! Mein GEHEIMREZEPT? An anderer Stelle platzieren und schauen, ob es ihr damit besser geht.

Die Wurzeln kommen unten aus dem Topf. Ist das schlecht?

Vielleicht ist es ihr in ihrem Zuhause zu eng geworden, die Wurzeln laufen Gefahr abzufaulen. Sie wird nicht mehr so gut wachsen. Topfe sie in einen ETWAS größeren Pflanztopf als den Vorherigen um!

Oh je, ... die Blätter werden GELB !!

Du gießt vielleicht zu viel ... oder nicht genug. Lass die Erde zwischen den Bewässerungen abtrocknen und schau dir, wenn du kannst, den Zustand der Wurzeln an. Kurz gesagt: Anders gießen und beobachten.

Kleine Mücken kriechen herum oder Pilze wachsen heraus !

Die Tierchen lieben die Feuchtigkeit. Gieß weniger, lass die Erde abtrocknen und wenn die Situation ganz kritisch ist: In einen Topf mit gut DURCHLÄSSIGEM, GESUNDEM SUBSTRAT umtopfen.

Sie stirbt !!!!!

Vielleicht bleibt noch Zeit, um einen Steckling abzunehmen und es noch-mals zu versuchen ! ♡

STECKLINGE

Woher weiß man, ob man von einer Pflanze Stecklinge nehmen kann?

1. Ausprobieren. Bei der MEHRZAHL der Zimmerpflanzen klappt die Stecklingsvermehrung!
2. Genau hinsehen, ob die Pflanze Babys am Stock treibt oder Knoten an den Zweigen hat …
3. Den Namen herausfinden und im Internet oder der Bibliothek recherchieren.

Wann nimmt man Stecklinge?

Wenn die Pflanze wächst und voller Energie steckt: im Frühling und Sommer. Aber unter uns gesagt, klappt das bei Zimmerpflanzen mit etwas Geduld das ganze Jahr hindurch.

Welchen Trieb mit Blättern wählt man an der Pflanze aus?

Damit die Stecklingsvermehrung gelingt, lohnen sich Blätter oder Triebe mittleren Alters: keine schwachen Babys und keine müden Omas. Die Welt ist grausam und man sollte am besten gesunde Abschnitte auswählen!

Wann muss ich den Steckling in die Erde pflanzen?

Sobald die Wurzeln ~3 cm oder länger sind, ist der Steckling bereit! Ihn längere Zeit im Wasser stehen zu lassen, kann hübsch sein, aber auch riskant, weil die Wurzeln nicht an das Leben in der Erde angepasst sind. Den Steckling auf jeden Fall während des ersten Monats in der Erde reichlich gießen.

TÖPFE ZERBROCHEN
DINGE VERKORKST
EXPERIMENTE GEMACHT
PFLANZEN ABGEMURKST
GIEßEN VERGESSEN
FANG VON NEUEM AN

AM ENDE KLAPPT ES IMMER IRGENDWIE.

KÜSSCHEN ♥

Impressum

Die in diesem Buch enthaltenen Empfehlungen und Angaben sind von der Autorin mit größter Sorgfalt zusammengestellt und geprüft worden. Eine Garantie für die Richtigkeit der Angaben kann aber nicht gegeben werden. Autorin und Verlag übernehmen keine Haftung für Schäden und Unfälle. Bitte setzen Sie bei der Anwendung der in diesem Buch enthaltenen Empfehlungen Ihr persönliches Urteilsvermögen ein. Der Verlag Eugen Ulmer ist nicht verantwortlich für die Inhalte der im Buch genannten Websites.

Anmerkung zur Schreibweise (Gendering): Gendergerechtigkeit und Inklusion sind bei uns gelebte Praxis – bei der Auswahl unserer Themen, bei der Recherchearbeit, in der Gestaltung. Unsere Texte meinen alle. Damit unsere Inhalte jedoch gut lesbar bleiben, verzichten wir in diesem Werk auf die jeweilige Mehrfachnennung oder Anpassung der Schreibweise bestimmter Bezeichnungen an die weibliche, männliche oder diverse Form.

Bibliografische Information der Deutschen Nationalbibliothek
Die Deutsche Nationalbibliothek verzeichnet diese Publikation in der Deutschen Nationalbibliografie; detaillierte bibliografische Daten sind im Internet über http://dnb.d-nb.de abrufbar.

Wollgrasweg 41, 70599 Stuttgart (Hohenheim)
E-Mail: info@ulmer.de Internet: www.ulmer.de
Projektleitung: Saskia Hoen
Übersetzung: Sabine Hesemann
Herstellung und Umschlaggestaltung: Verlag Eugen Ulmer
Satz: Jessica Otto, Jettingen
Druck und Bindung: Printer Trento S.r.L., Trento-Gardolo
Printed in Italy

ISBN 978-3-8186-2240-4

FSC MIX Papier | Fördert gute Waldnutzung FSC® C015829 www.fsc.org